U0173191

孩子，我们对恐龙的认识真的错了！

[美]凯思琳 · V. 库德林斯基◉著　[美] S.D.辛德勒◉绘　蔡薇薇◉译

北京联合出版公司
Beijing United Publishing Co.,Ltd.

图书在版编目（CIP）数据

孩子，我们对恐龙的认识真的错了！ /（美）凯思琳·V. 库德林斯基著 ；（美）S.D. 辛德勒绘 ；蔡薇薇译 . — 北京 ：北京联合出版公司，2021.9
ISBN 978-7-5596-5466-3

Ⅰ . ①孩… Ⅱ . ①凯… ② S… ③蔡… Ⅲ . ①恐龙－少儿读物 Ⅳ . ① Q915.864-49

中国版本图书馆 CIP 数据核字 (2021) 第 148995 号

BOY, WERE WE WRONG ABOUT DINOSAURS!
Text copyright ©2005 by Kathleen V. Kudlinski
Illustrations copyright ©2005 by S.D. Schindler
Simplified Chinese translation copyright © 2021 by Beijing Tianlue Books Co., Ltd.
Published by arrangement with Dutton Children's Books, an imprint of Penguin Young Readers Group, a division of Penguin Random House LLC
through Bardon-Chinese Media Agency
ALL RIGHTS RESERVED

孩子，我们对恐龙的认识真的错了！

著　　者：[美] 凯思琳 · V. 库德林斯基
绘　　者：[美] S.D. 辛德勒
译　　者：蔡薇薇
出 品 人：赵红仕
选题策划：北京天略图书有限公司
责任编辑：龚　将
特约编辑：邹文谊
责任校对：罗盈莹
美术编辑：刘晓红

北京联合出版公司出版
（北京市西城区德外大街 83 号楼 9 层　100088）
北京联合天畅文化传播公司发行
北京盛通印刷股份有限公司印刷　　新华书店经销
字数 5 千字　　889 毫米 ×1194 毫米　　1/16　　2.5 印张
2021 年 9 月第 1 版　　2021 年 9 月第 1 次印刷
ISBN　978-7-5596-5466-3
定价：42.00 元

版权所有，侵权必究
未经许可，不得以任何方式复制或抄袭本书部分或全部内容。
本书若有质量问题，请与本公司图书销售中心联系调换。
电话：010-65868687　010-64258472-800

◆

致多伊·博伊尔、莱斯利·布里恩、玛丽－凯莉·布斯、莱斯利·康纳、洛琳·杰伊、朱迪·泰泽、南希·安特尔和南希·伊丽莎白·华莱士。

——凯思琳·V. 库德林斯基

◆

很久很久以前，人们对恐龙还一无所知的时候，在中国就发现了一些巨大的骨骼。那些看到这些骨骼的智者，试图猜测哪种体形庞大的动物才会拥有这样的骨骼。

在研究过这些骨化石后，古代中国人认定这是龙的骨头。他们认为这些龙一定有魔法，才会如此巨大。而且，他们相信龙还活在这个世界上。

孩子，他们真的错了！

没有人确切地知道恐龙长什么样。它们留给我们的只有骨化石和少量线索。现在我们认为，过去对于恐龙的许多猜测，跟古代中国人的猜测一样，都是错的。

有一些是小错误。当我们发现第一批禽龙的骨化石时，其中有一块骨头的形状就像犀牛角一样。科学家们猜测，这块奇特的骨头是像个尖角一样长在禽龙的鼻子上的。

孩子，我们对禽龙的认识真的错了！

后来，人们发现了一副完整的禽龙骨化石，其中有两块尖尖的骨头。原来，它们是禽龙手骨的一部分，而不是它的鼻子！

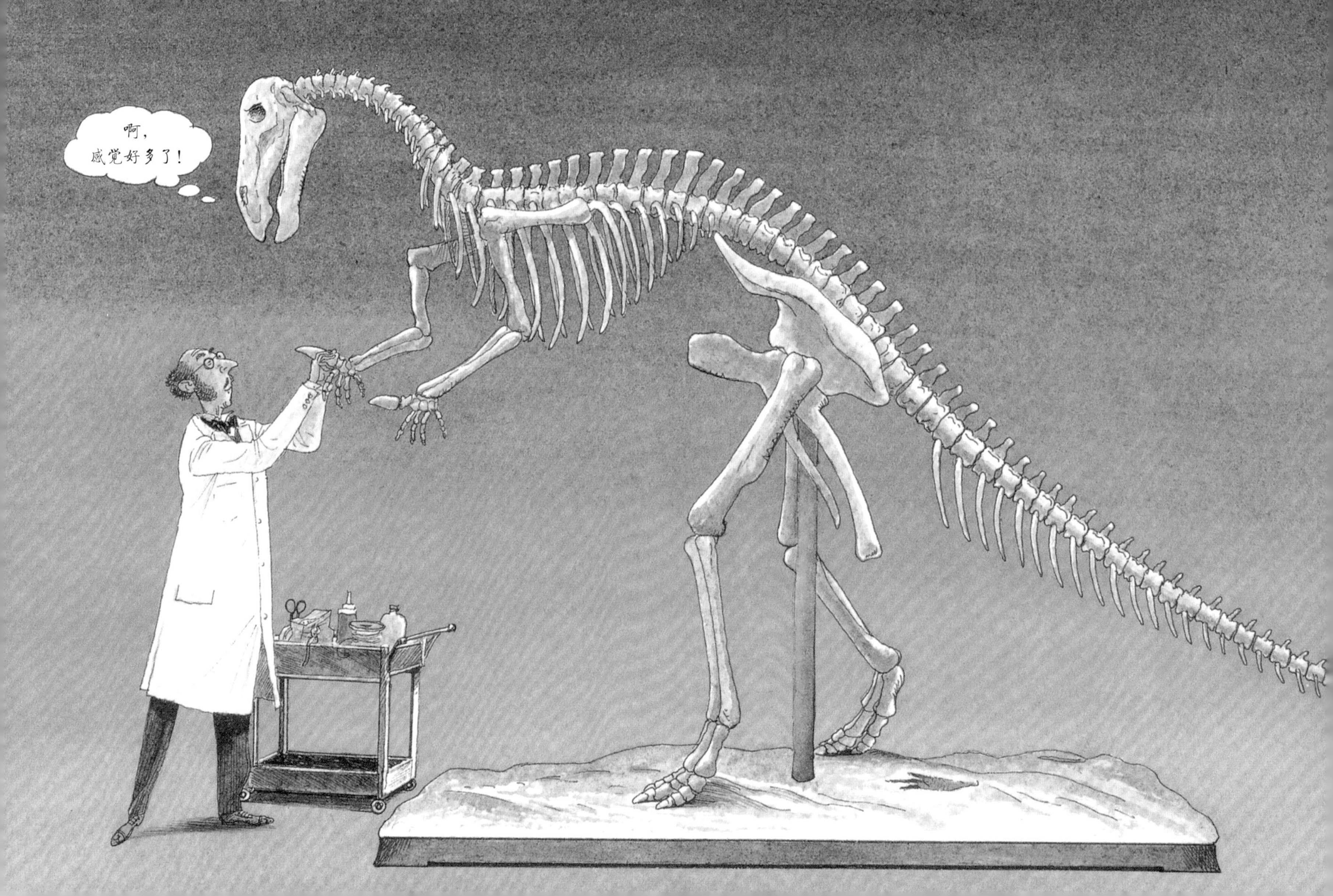

另外一些新线索显示，我们对各种恐龙都有过一个普遍的错误认识。在一些很早期的恐龙绘画中，恐龙的肘关节和膝关节是像蜥蜴一样朝向身体外侧的。长着这样的腿，身形庞大的恐龙只能笨拙地蹒跚行走，或者在水中漂浮。

现在我们知道，恐龙的腿是在它们的身体正下方直立的，就像马的腿一样。恐龙并不笨拙，根据它们腿骨的长度和形状，可以看出有一些恐龙像鹿一样敏捷、优雅。

古书的插画中，恐龙的尾巴拖在泥土里，因为人们发现了一些有尾巴拖拽痕迹的化石。而且，科学家们也无法想象肌肉怎么能撑起如此巨大的尾巴。

后来，人们发现了成千上万的恐龙足迹化石根本不带尾巴拖拽的痕迹。一些恐龙化石上的线索表明，它们的尾骨内部有着强韧的肌腱，能够让尾巴保持直挺。有重重的尾巴保持平衡，很多恐龙——即便是身形庞大的迷惑龙——也许都能依靠后腿直立，可以够到很高的树上的叶子。其他恐龙，比如霸王龙，则一直是用两条腿行走的。

在恐龙骨骼的内部，科学家们也发现了一些惊人之处。我们过去一直认为恐龙像蛇和蜥蜴一样，都是变温动物（俗称冷血动物）。变温动物需要靠晒太阳来维持体温。当科学家们透过显微镜观察蜥蜴的骨骼切片时，他们看不到很多血管，只能看到新骨骼逐年缓慢生长而形成的一圈圈圆环。恐龙的骨骼看起来则不同，其内部有大量的血管，而新骨骼似乎是围绕着每一根血管生长的。

恐龙或许与鸟类更相似，无论白天还是夜晚，身体都是温暖的，并充满能量。它们可能需要这些额外的能量来挪动优雅的腿。

我们对恐龙的这种认识对吗？如今，一些科学家认为恐龙既不是变温动物，也不是恒温动物，而是介于二者之间。但是，没办法确认这一点。

科学家们曾经以为所有恐龙都是有鳞的，因为有些皮肤化石上的突起像鳞片。现在，人们发现更多恐龙化石上似乎是羽毛的痕迹。那么，恐龙的皮肤上覆盖的到底是什么呢？鳞片还是羽毛？我们只能猜测，但我们有些很好的想法。

晚上冷了倒是
挺保暖的！
这是最新的流
行款呢！

由于体形庞大的动物散热的速度更慢，所以我们认为大型恐龙就像如今的大象一样，应该不需要毛皮或者羽毛来保暖。

近些年来，人们发现了很多种小型恐龙的化石，有一些还没有鸽子大。这些体形小巧的动物需要某种方式来保持身体的热量。其中一些化石上的羽毛痕迹，像小鸡身上那种温暖又蓬松的羽毛；而另外一些化石上的，则像公鸡身上的长羽毛一般。

科学家们曾经认为大型恐龙都是灰色的，就像如今灰色的大象一样。但是，如果这是真的，体形更大的肉食性恐龙就会在五颜六色的树叶和草丛中发现并吃掉那些灰色的恐龙。科学家们现在认为恐龙身上有着彩色的图案，可以保护它们不被发现和吃掉。颜色和图案也可能有助于它们向其他恐龙表明自己的性别和年龄，就像鸟类一样。

最近，一些恐龙化石的 X 光片显示，它们的头骨特征与鸟类的类似，容得下大眼睛，也有足够的大脑空间产生色觉。

我们曾经认为恐龙妈妈和蜥蜴妈妈的习性是相似的。孩子，我们真的错了！

蜥蜴妈妈只负责把蛋产在地上，然后就离开了，它们从来没见过自己的宝宝。

现在，我们已经在化石窝里发现了恐龙蛋化石。有些窝里有刚孵出来的恐龙宝宝，有些窝里挤满了大一些的恐龙宝宝。这些幼崽的牙齿上有食用坚硬植物留下的划痕。是它们的妈妈把食物带到窝里来，还是幼崽们出去觅食，然后再回来睡觉？我们也只能猜测，但蜥蜴绝不会做这样的事情。

人们在一座小山丘上发现了许多有恐龙蛋化石的窝。这一定是个安全的地方，因为不同种类的恐龙妈妈都年复一年地在这儿做窝。

人们还发现了各种恐龙足迹化石，证明有一整群恐龙一起行走。其中也有恐龙幼崽的足迹，它们就在整个族群的中间安然行走。所以，我们知道有些恐龙会照顾好幼崽。

甚至，我们以为的恐龙灭绝原因似乎也错了。科学家们曾经认为，当时的世界渐渐变得干旱、炎热，是高温和疾病使恐龙灭绝了。

近些年来，我们发现了可能来自外太空的尘埃形成的尘埃层化石。这个新线索让我们思考，有可能是一颗彗星或者小行星撞击地球并发生爆炸，引发大火和海啸。因此而形成的巨大尘埃云，在数年时间里污染毒化了雨水、遮挡了阳光。

没有阳光，大多数植物都不能生长。酸雨则会让动植物衰弱、生病。如果植物都枯萎了，草食动物就失去了食物来源。草食动物灭绝了，肉食动物也没了食物来源。

科学家们认为，在大片的尘埃云降落到地上形成厚厚的尘埃层之前，这一切就有可能已经发生了。但是，关于恐龙灭绝的原因，我们的认识可能还是错的。

如今的科学家们在一件事上跟古代中国人的看法是一致的，他们相信有些恐龙仍然还活着。在恐龙生活在地球上的亿万年时光接近尾声时，一些小型的、长羽毛的恐龙族类一点点地发生着变化。历经多年，它们的羽毛长得更长了，它们开始飞。渐渐地，它们演化成了鸟类。当其他的恐龙都灭绝时，其中一些鸟类却幸存了下来。如果科学家们是对的，我们的鸟类就是活着的恐龙。

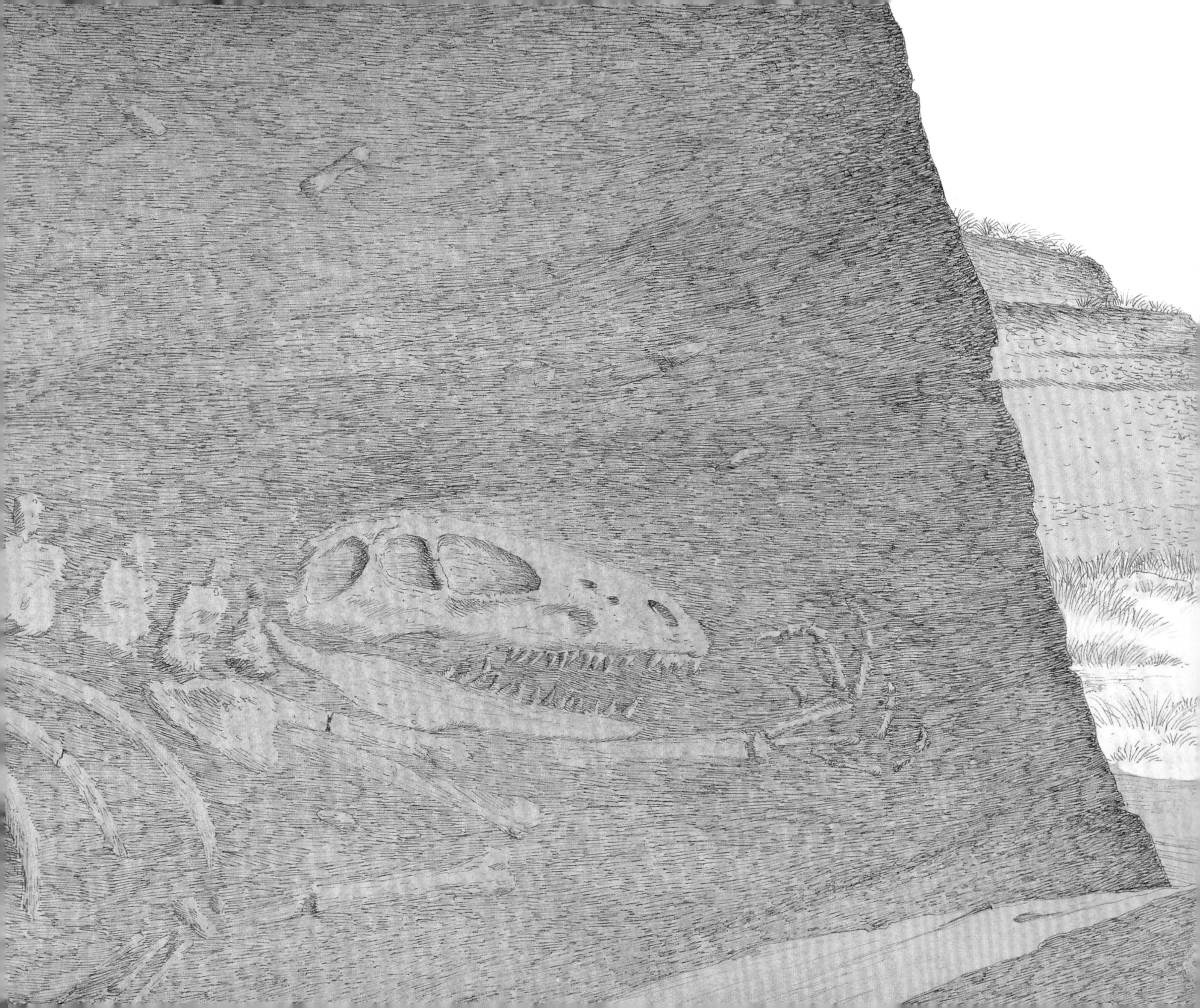

图书馆和书店里还有一些关于恐龙的书籍在传达着陈旧的观念。科学家们在不断地发现新线索，我们的观念也要随之更新。某一天，再看我们今天对恐龙的这些想法，可能会跟古人认为恐龙是有魔法的龙一样荒唐。

等你长大后，你可能会成为那个发现奥秘的科学家，让我们都惊叹：**“我们对恐龙的认识真的错了！”**

恐龙发现大事年表

1822 年 ························ 英国医生吉迪恩·曼特尔将一种古生物命名为“禽龙”。

1842 年 ························ 英国解剖学家、古生物学家理查德·欧文提出“恐龙”一词，意为“体形巨大的爬行动物”。

1923 年 ························ 探险家罗伊·查普曼·安德鲁斯在戈壁滩中发现恐龙蛋化石。

1964 年 ························ 古生物学家约翰·H.奥斯特罗姆质疑恐龙的变温动物属性。

1968 年 ························ 古生物学家罗伯特·巴克绘制直立站立、尾巴直挺的恐龙图。

1973 年 ························ 古生物学家约翰·H.奥斯特罗姆宣称鸟类就是由恐龙演化而来的。

20 世纪 70 年代 ·············· 地质学家沃尔特·阿尔瓦雷斯发现了富含钵的尘埃层。

1978 年 ························ 杰克·霍纳发现有恐龙幼崽化石的恐龙窝。

1999 年 ························ 吴晓春和马克·诺瑞尔都在中国境内发现了带羽毛痕迹的恐龙化石。

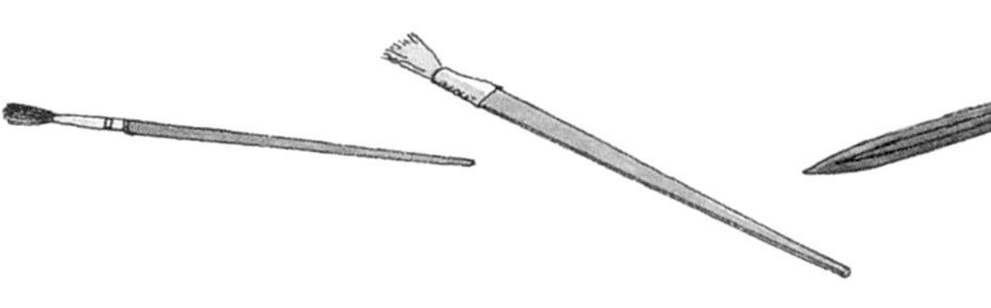

如果你想了解更多关于恐龙的知识，可以参考：

Norman, David, et al. *Eyewitness: Dinosaurs*. New York: DK Publishing, 2000.
Basic dinosaur facts and photos of fossils.

Lambert, David, et al. *Dinosaur Encyclopedia: From Dinosaurs to the Dawn of Man*. New York: DK Publishing, 2001. Answers every possible question on the subject.

本书参考文献：

Farlow, James, and M.K. Brett-Surman, eds. *The Complete Dinosaur*. Bloomington, IN: Indiana University Press,1997.

Horner, John. *Digging Dinosaurs*. New York: Workman Publishing Company, 1988.

Lucas, Spencer G. *Dinosaurs: The Textbook*. New York: McGraw-Hill Professional Publishing, 1996.

感谢为创作本书提供帮助的科学家们：

Daniel Lee Brinkman, Peabody Museum of Natural History, Yale University.

Byron Butler, Peabody Museum of Natural History, Yale University.

Mark Norell, chairman and curator, Division of Paleontology, American Museum of Natural History, New York City.